温会会 / 编　北视国 / 绘

浙江人民美术出版社

中国从汉代就开始种石榴了。当时的“外交家”张骞沿着丝绸之路将它从西域带回长安，从此，石榴就在中国安了家。

人们喜欢它甜美的味道和红红火火的颜色，将它视为象征繁荣喜庆的吉祥果，在中秋节还有“八月十五月儿圆，石榴月饼拜神仙”的俗语。

石榴的皮很硬，里面包裹着许多像宝石一样亮晶晶的小果粒，每一颗果粒里都含有一粒种子。

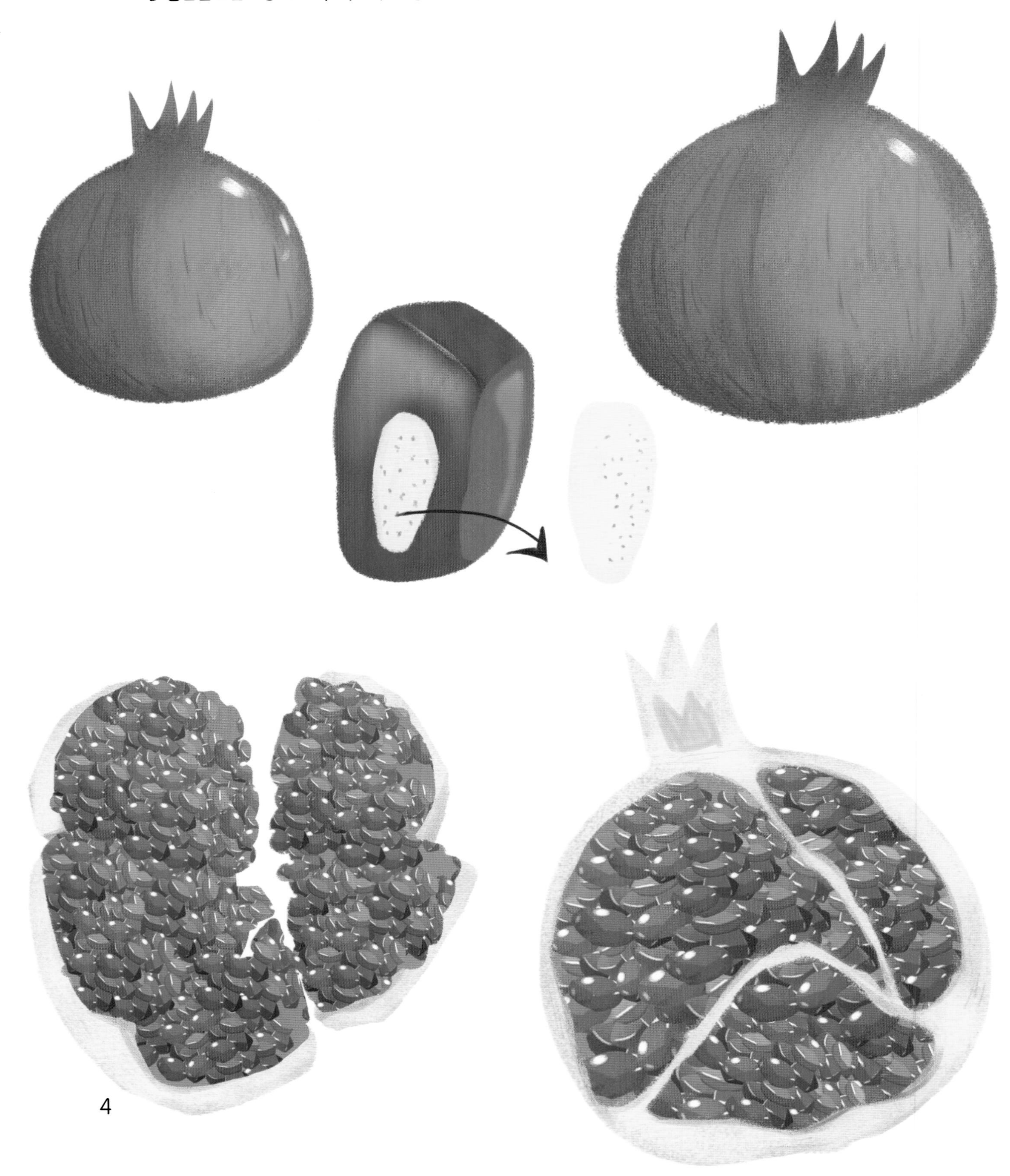

石榴通常在春季种植，既可以繁殖成果树林，又能作为精美的盆栽供大家观赏。

石榴树的树干呈灰褐色，枝丫柔韧细长，不易被折断，但年年都需要修剪。阳光和气温对它来说非常重要，温度越适宜，它长得越繁茂，光照越充足，花儿开得越热闹。

石榴树的叶子小小的，但长得非常密，对蚂蚁这样的小不点儿昆虫来说，一片薄薄的树叶就足够它们在水上乘风破浪了。

夏天，火红的石榴花竞相绽放，远看就像一团团火焰在燃烧，近看又像一把把小火炬，被绿叶衬托得分外鲜艳夺目！

刚长出来的石榴就像小喇叭，可爱极了！但讨厌的害虫却喜欢蛀蚀它，留下一个个蛀洞，一旦雨水渗入，小石榴就会慢慢坏掉。所以不能让害虫为所欲为，要及时进行预防！

长呀长呀，小石榴一天比一天圆润，果皮由绿色渐渐变成黄色，又很快被“染”上漂亮的红色，越来越有光泽。

秋天，红彤彤的大石榴挂满枝头，树枝都快扛不住啦！哈哈！可能它们自己也太开心了，都笑得咧开了嘴，晶莹的小果粒都要掉出来了！赶快采摘吧！

冬天说来就来，石榴树只剩下光秃秃的枝干，它收敛起秋天的蓬勃和热烈，在寒风中静静等待春天的到来。到时候，它会再抽出青绿的嫩芽，开始生命的新一轮循环。

石榴皮不好剥，随意切开的话，容易被淌出的汁水弄脏手。试试下面的小窍门吧，能让你剥出完美的石榴喔！

茶

吃石榴不吐籽，种子会在身体里发芽吗？放心，不会的！石榴籽很有营养，就算嚼碎吃掉也没问题，一部分会被身体消化吸收，一部分会和便便一起被排泄出来。

有时候快乐就是这么简单，一个香甜的大石榴就能搞定！

愿我们每天都能像石榴一样，快快乐乐，笑口常开！

图书在版编目（CIP）数据

石榴，你从哪里来 / 温会会编 ； 北视国绘 . -- 杭州 ： 浙江人民美术出版社， 2022.2
（水果背后的秘密系列）
ISBN 978-7-5340-9318-0

Ⅰ . ①石… Ⅱ . ①温… ②北… Ⅲ . ①石榴—儿童读物 Ⅳ . ① S665.4-49

中国版本图书馆 CIP 数据核字 (2022) 第 007038 号

责任编辑：郭玉清
责任校对：黄　静
责任印制：陈柏荣
项目策划：北视国

水果背后的秘密系列

石榴，你从哪里来　　温会会　编　北视国　绘

出版发行：浙江人民美术出版社
地　　址：杭州市体育场路 347 号
经　　销：全国各地新华书店
制　　版：北京北视国文化传媒有限公司
印　　刷：山东博思印务有限公司
开　　本：889mm×1194mm　1/16
印　　张：2
字　　数：20 千字
版　　次：2022 年 2 月第 1 版
印　　次：2022 年 2 月第 1 次印刷
书　　号：ISBN 978-7-5340-9318-0
定　　价：39.80 元